SUKEN NOTEBOOK

チャート式
解法と演習　数学II

完 成 ノ ー ト

【図形と方程式】

本書は，数研出版発行の参考書「チャート式 解法と演習　数学 II ＋B」の
数学 II の　第 3 章「図形と方程式」
の例題と PRACTICE の全問を掲載した，書き込み式ノートです。
本書を仕上げていくことで，自然に実力を身につけることができます。

目　次

第 3 章　図形と方程式

10. 直線上の点, 平面上の点

基本 例題 65

□ ▶解説動画

(1) 2点 A $(-1, 4)$, B $(3, 2)$ から等距離にある x 軸上の点 P の座標を求めよ。

(2) 3点 A $(-5, 5)$, B $(2, 6)$, C $(-1, -3)$ から等距離にある点 Q の座標を求めよ。

PRACTICE (基本) **65** (1) 座標平面上の 2 点を A $(-3,\ 2)$, B $(4,\ 0)$ とする。x 軸上，y 軸上に あって，2 点 A，B から等距離にある点の座標をそれぞれ求めよ。

(2) 3 点 A $(1,\ 5)$, B $(0,\ 2)$, C $(-1,\ 3)$ から等距離にある点の座標を求めよ。

4

基本 例題 66

(1) 3 点 A (1, −1)，B (4, 1)，C (−1, 2) を頂点とする △ABC はどのような三角形か。

(2) A (1, 0)，B (0, 3)，C (a, b) を頂点とする △ABC が正三角形となるように，a, b の値を定めよ。

PRACTICE (基本) **66** 3点 A$(1, 1)$, B$(2, 4)$, C$(a, 0)$ を頂点とする △ABC について

(1) △ABC が直角三角形となるとき，a の値を求めよ。

(2) △ABC が二等辺三角形となるとき，a の値を求めよ。

基本 例題 67　

△ABC の重心を G とするとき，$AB^2 + BC^2 + CA^2 = 3(GA^2 + GB^2 + GC^2)$ が成り立つことを証明せよ。

PRACTICE (基本) **67** (1) △ABC の辺 BC の中点を M とするとき，$AB^2 + AC^2 = 2(AM^2 + BM^2)$ (中線定理) が成り立つことを証明せよ。

(2) △ABC において，辺 BC を 3：2 に内分する点を D とする。このとき，
$3(2AB^2 + 3AC^2) = 5(3AD^2 + 2BD^2)$ が成り立つことを証明せよ。

基本 例題 68

3 点 A (5, −1)，B (3, 3)，C (−1, −3) を頂点とする平行四辺形の残りの頂点 D の座標を求めよ。

PRACTICE (基本) **68**

3 点 A (4, 5), B (6, 7), C (7, 3) を頂点とする平行四辺形の残りの頂点 D の座標を求めよ。

基本 例題 69

解説動画

△ABC の重心を G, 辺 BC の中点を L, 辺 CA の中点を M とする。

A $(6,\ 6)$, M $(7,\ 4)$, G $\left(\dfrac{16}{3},\ \dfrac{8}{3}\right)$ であるとき, 点 B, L の座標をそれぞれ求めよ。

PRACTICE (基本) **69**

3 点 A (7, 6), B (−3, 1), C (8, 1) に対して, 辺 BC の中点を P, 辺 CA を 3 : 2 に外分する点を Q, 辺 AB を 3 : 2 に内分する点を R とする。このとき, △ PQR の重心の座標を求めよ。

１１．直線
基本 例題 70

次の 2 点を通る直線の方程式を求めよ。

(1) $(3, -2), (4, 1)$

(2) $(4, 0), (0, 3)$

(3) $(-2, 3), (-2, -5)$

(4) $(-3, 2), (1, 2)$

PRACTICE (基本) **70**　次の直線の方程式を求めよ。

(1)　点 $(-3,\ 5)$ を通り，傾きが $\sqrt{3}$

(2)　2 点 $(5,\ -3),\ (-7,\ 3)$ を通る

(3)　2 点 $(5,\ 1),\ (3,\ 2)$ を通る

(4) x 切片が 4, y 切片が -2

(5) 2 点 $(-3,\ 1)$, $(-3,\ -3)$ を通る

(6) 2 点 $(1,\ -2)$, $(-5,\ -2)$ を通る

基本 例題71 □ ▶解説動画

2直線 $2x+5y-3=0$ …… ①, $5x+ky-2=0$ …… ② が平行になるときと垂直になるときの定数 k の値を，それぞれ求めよ。

PRACTICE (基本) **71** 2直線 $3x+y=17$，$x+ay=9$ がある。これらが平行であるとき $a=^{ア}\boxed{}$，垂直であるとき $a=^{イ}\boxed{}$ である。

基本 例題 72

次の直線の方程式を求めよ。

(1) 点 $(2, -4)$ を通り，直線 $2x+y-3=0$ に平行な直線

(2) 点 $(-2, 3)$ を通り，直線 $x-3y-1=0$ に垂直な直線

PRACTICE (基本) **72**　直線 $\ell : 2x+3y=4$ に平行で点 $(1,\ 2)$ を通る直線の方程式を求めよ。また，直線 ℓ に垂直で点 $(2,\ 3)$ を通る直線の方程式を求めよ。

基本 例題 73

連立方程式 $ax+3y-1=0$, $3x-2y+c=0$ が，次のようになるための条件を求めよ。

(1) ただ1組の解をもつ

(2) 解をもたない

(3) 無数の解をもつ

PRACTICE (基本) **73**

連立方程式 $3x-2y+4=0$, $ax+3y+c=0$ が，次のようになるための条件を求めよ。

(1) ただ 1 組の解をもつ

(2) 解をもたない

(3) 無数の解をもつ

基本 例題 74

座標平面上の 3 点 O (0, 0)，A (2, 5)，B (6, 0) を頂点とする △OAB の各頂点から対辺に下ろした 3 つの垂線は 1 点で交わることを証明せよ。

PRACTICE (基本) **74** xy 平面上に 3 点 A $(2, \ -2)$，B $(5, \ 7)$，C $(6, \ 0)$ がある。△ABC の各辺の垂直二等分線は 1 点で交わることを証明せよ（この交点は，△ABC の外接円の中心であり外心という）。

基本 例題 75

□ ▷ 解説動画

(1) 3点 A$(a, -2)$, B$(3, 2)$, C$(-1, 4)$ が同じ直線上にあるとき，定数 a の値を求めよ。

(2) 3直線 $2x+y+3=0$, $x-y+6=0$, $ax+y+24=0$ が1点で交わるとき，定数 a の値を求めよ。

PRACTICE (基本) **75**

(1) 3 点 A $(a, -1)$, B $(1, 3)$, C $(4, -2)$ が同じ直線上にあるとき，定数 a の値を求めよ。

(2) 3 直線 $2x - y - 1 = 0$, $3x + 2y - 2 = 0$, $y = \dfrac{1}{2}x + k$ が 1 点 A で交わるとき，$k = $ ⁷ ☐ であり，点 A の座標は $\left(\text{ⁱ}\ \boxed{},\ \text{ᵘ}\ \boxed{}\right)$ である。

基本 例題 76

直線 $(4k-3)y=(3k-1)x-1$ ……① は，実数 k の値にかかわらず，定点 A を通ることを示し，この点 A の座標を求めよ。

PRACTICE (基本) **76**　直線 $(5k+3)x-(3k+5)y-10k+10=0$ …… ① は，実数 k の値にかかわらず，定点 A を通ることを示し，この点 A の座標を求めよ。

基本 例題 77

2 直線 $2x+3y=7$ …… ①, $4x+11y=19$ …… ② の交点と点 $(5,\ 4)$ を通る直線の方程式を求めよ。

PRACTICE (基本) **77** 次の直線の方程式を求めよ。

(1) 2 直線 $x+y-4=0$, $2x-y+1=0$ の交点と点 $(-2,\ 1)$ を通る直線

(2) 2直線 $x-2y+2=0$，$x+2y-3=0$ の交点を通り，直線 $5x+4y+7=0$ に垂直な直線

基本 例題 78

直線 $\ell : x+y+1=0$ に関して点 P(3, 2) と対称な点 Q の座標を求めよ。

PRACTICE (基本) **78**　直線 ℓ ： $y=2x$ に関して点 P$(3,\ 1)$ と対称な点 Q の座標を求めよ。

基本 例題 79

(1) 座標平面において，直線 $y=-2x$ に平行で，原点からの距離が $\sqrt{5}$ である直線の方程式をすべて求めよ。

(2) 平行な 2 直線 $2x-3y=1$，$2x-3y=-6$ の間の距離を求めよ。

PRACTICE (基本) 79

(1) 直線 $y = \dfrac{4}{3}x - 2$ に平行で，原点からの距離が 6 である直線の方程式をすべて求めよ。

(2) 平行な 2 直線 $x - 2y + 3 = 0$，$x - 2y - 1 = 0$ の間の距離を求めよ。

基本 例題 80

3 点 A (1, 1), B (3, 5), C (5, 2) について, 次のものを求めよ。

(1) 直線 BC の方程式　　　　　　　　　(2) 線分 BC の長さ

(3) 点 A と直線 BC の距離　　　　　　　(4) △ABC の面積

PRACTICE (基本) **80** 3 点 A $(-4,\ 3)$, B $(-1,\ 2)$, C $(3,\ -1)$ について次のものを求めよ。

(1) 点 A と直線 BC の距離

(2) △ABC の面積

重要 例題 81

異なる 3 直線 $x+y=1$ ……① , $4x+5y=1$ ……② , $ax+by=1$ ……③ が 1 点で交わるとき，3 点 $(1, 1)$, $(4, 5)$, (a, b) は，同じ直線上にあることを示せ。

PRACTICE (重要) **81**　異なる 3 直線　$x-y=1$ ……①, $2x+3y=1$ ……②, $ax+by=1$ ……③
が 1 点で交わるとき, 3 点 $(1,\ -1)$, $(2,\ 3)$, $(a,\ b)$ は, 同じ直線上にあることを示せ。

38

重|要 例題 82

A (2, 5), B (9, 0) とするとき, 直線 $x+y=5$ 上に点 P をとり, AP+PB を最小にする点 P の座標を求めよ。

PRACTICE (重要) **82**　直線 $\ell : y = \dfrac{1}{2}x + 1$ と 2 点 A $(1, 4)$, B $(5, 6)$ がある。直線 ℓ 上の点 P で,
AP＋PB を最小にする点 P の座標を求めよ。

40

重要 例題 83

放物線 $y=x^2$ …… ① と直線 $y=x-1$ …… ② がある。直線 ② 上の点で，放物線① との距離が最小となる点の座標と，その距離の最小値を求めよ。

PRACTICE (重要) **83**　放物線 $y=-x^2$ ……① と直線 $y=2x+3$ ……② がある。直線 ② 上の点で，放物線 ① との距離が最小となる点の座標と，その距離の最小値を求めよ。

12. 円, 円と直線, 2つの円

基 本 例題 84

2点 A(3, 4), B(5, -2) を直径の両端とする円の方程式を求めよ。

PRACTICE (基本) **84**　次の円の方程式を求めよ。

(1)　中心が $(3, -4)$ で，原点を通る円

(2)　中心が $(1, 2)$ で，x 軸に接する円

(3) 2点 (1, 4), (5, 6) を直径の両端とする円

(4) 2点 (2, 1), (1, 2) を通り，中心が x 軸上にある円

基本 例題 85

3点 A(3, 1), B(6, −8), C(−2, −4) を通る円の方程式を求めよ。

PRACTICE (基本) **85**　3 点 $(4, \ -1)$, $(6, \ 3)$, $(-3, \ 0)$ を通る円の方程式を求めよ。

基本 例題 86

直線 $y=-4x+5$ 上に中心があり，x 軸と y 軸の両方に接する円の方程式を求めよ。

PRACTICE (基本) **86** 次の円の方程式を求めよ。

(1) 2 点 $(0,\ 2)$, $(-1,\ 1)$ を通り，中心が直線 $y=2x-8$ 上にある。

(2) 点 $(2,\ 3)$ を通り，y 軸に接して中心が直線 $y=x+2$ 上にある。

(3) 点 $(4,\ 2)$ を通り，x 軸，y 軸に接する。

基 本 例題 87

解説動画

(1) 方程式 $x^2 + y^2 + 6x - 8y + 9 = 0$ はどのような図形を表すか。

(2) 方程式 $x^2 + y^2 + 2px + 3py + 13 = 0$ が円を表すとき，定数 p の値の範囲を求めよ。

PRACTICE (基本) **87** (1) 方程式 $x^2+y^2+5x-3y+6=0$ はどのような図形を表すか。

(2) 方程式 $x^2+y^2+6px-2py+28p+6=0$ が円を表すとき，定数 p の値の範囲を求めよ。

基本 例題 88

円 $x^2+y^2=5$ …… ① と次の直線に共有点はあるか。あるときは，その点の座標を求めよ。

(1) $y=x+1$

(2) $y=-2x+5$

(3) $y=2x-6$

PRACTICE (基本) **88**   次の円と直線に共有点はあるか。あるときは，その点の座標を求めよ。

(1) $x^2 + y^2 = 1$, $x - y = 1$

(2) $x^2 + y^2 = 4$, $x + y = 3$

(3) $x^2 + y^2 = 2, \ 2x - y = 1$

(4) $x^2 + y^2 = 5, \ x - 2y = 5$

基本 例題 89

円 $x^2+2x+y^2=1$ …… ① と直線 $y=mx-m$ …… ② が異なる 2 点で交わるような，定数 m の値の範囲を求めよ。

PRACTICE (基本) **89** 円 $x^2+y^2-4x-6y+9=0$ …… ① と直線 $y=kx+2$ …… ② が共有点をもつ
ような，定数 k の値の範囲を求めよ。

基 本 例題 90

円 $x^2+y^2=16$ と直線 $y=x+2$ の 2 つの交点を A, B とするとき, 円が直線から切り取る線分の長さ AB を求めよ。

PRACTICE (基本) **90**　円 $(x-2)^2+(y-1)^2=4$ と直線 $y=-2x+3$ の2つの交点を A，B とするとき，弦 AB の長さを求めよ。

基本 例題 91

円 $(x+3)^2+(y-3)^2=13$ …… ① 上の点 A $(-1, 0)$ における, この円の接線の方程式を求めよ。

PRACTICE (基本) **91**

円 $x^2+y^2-2x-4y-20=0$ 上の点 A $(4,\ 6)$ における，この円の接線の方程式を求めよ。

基 本 例題 92

点 $(3, 1)$ を通り，円 $x^2 + y^2 = 2$ に接する直線の方程式と，そのときの接点の座標を求めよ。

PRACTICE (基本) **92**

(1)　点 $(7,\ 1)$ を通り，円 $x^2+y^2=25$ に接する直線の方程式と，そのときの接点の座標を求めよ。

(2) 円 $x^2+y^2=8$ の接線で，直線 $7x+y=0$ に垂直である直線の方程式を求めよ。

基 本 例題 93

(1) 円 $C_1 : x^2 + y^2 - 6x - 4y + 9 = 0$ と点 $(-2, 2)$ を中心とする円 C_2 が外接している。円 C_2 の方程式を求めよ。

(2) 2つの円 $x^2 + y^2 = r^2$ $(r > 0)$ $\cdots\cdots$ ①, $x^2 + y^2 - 8x - 4y + 15 = 0$ $\cdots\cdots$ ② が共有点をもつような r の値の範囲を求めよ。

PRACTICE (基本) **93**

(1) 円 $C_1 :\ x^2 + y^2 = 5$ と点 $(2,\ 4)$ を中心とする円 C_2 が内接している。円 C_2 の方程式を求めよ。

(2) 2 つの円 $x^2 + y^2 = r^2\ (r > 0)$ …… ①, $x^2 + y^2 - 6x + 8y + 16 = 0$ …… ② が共有点をもつような r の値の範囲を求めよ。

基本 例題 94

2 つの円 $x^2 + y^2 = 5$ …… ①, $(x-1)^2 + (y-2)^2 = 4$ …… ② について

(1) 2 つの円は，異なる 2 点で交わることを示せ。

(2) 2 つの円の交点を通る直線の方程式を求めよ。

(3) 2 つの円の交点と点 $(0, 3)$ を通る円の中心と半径を求めよ。

PRACTICE (基本) **94**　2 つの円 $x^2+y^2=10$, $x^2+y^2-2x+6y+2=0$ の 2 つの交点の座標を求めよ。また，2 つの交点と原点を通る円の中心と半径を求めよ。

重要 例題 95 □

放物線 $y = \dfrac{1}{4}x^2 + a$ と円 $x^2 + y^2 = 16$ について，次のものを求めよ。

(1) この放物線と円が接するときの定数 a の値

(2) 4個の共有点をもつような定数 a の値の範囲

PRACTICE (重要) **95**

放物線 $y=x^2$ と円 $x^2+(y-4)^2=r^2$ $(r>0)$ がある。放物線と円の交点が 4 個となる r の範囲を求めよ。

重 要 例題 96

円 $x^2+y^2=1$ ……① と円 $(x-4)^2+y^2=4$ ……② に共通な接線の方程式を求めよ。

PRACTICE (重要) **96**　円 $(x-5)^2+y^2=1$ と円 $x^2+y^2=4$ について

(1)　2 つの円に共通な接線は全部で何本あるか。

(2) 2つの円に共通な接線の方程式をすべて求めよ。

13. 軌跡と方程式

基本 例題 97

2 点 A (0, 0), B (5, 0) からの距離の比が 2 : 3 である点 P の軌跡を求めよ。

PRACTICE (基本) **97**　次の条件を満たす点 P の軌跡を求めよ。

(1)　2 点 A (−4, 0), B (4, 0) からの距離の 2 乗の和が 36 である点 P

(2)　2点 A $(0,\ 0)$，B $(9,\ 0)$ からの距離の比が PA : PB $=2:1$ である点 P

(3)　2点 A $(3,\ 0)$，B $(-1,\ 0)$ と点 P を頂点とする $\triangle$ PAB が，PA : PB $=3:1$ を満たしながら変化するときの点 P

基本 例題 98　　　　　　　　　　　　　　　　　　　　　□

点 Q が円 $x^2+y^2=9$ 上を動くとき，点 A $(1,\ 2)$ と Q を結ぶ線分 AQ を $2:1$ に内分する点 P の軌跡を求めよ。

PRACTICE (基本) **98** 放物線 $y = x^2$ …… ① と A$(1, 2)$, B$(-1, -2)$, C$(4, -1)$ がある。
点 P が放物線 ① 上を動くとき，次の点 Q，R の軌跡を求めよ。
(1) 線分 AP を 2 : 1 に内分する点 Q

(2) △PBC の重心 R

基本 例題 99

a は定数とする。放物線 $y=x^2+2(a-2)x-4a+5$ について，a がすべての実数値をとって変化するとき，頂点の軌跡を求めよ。

PRACTICE (基本) 99 a は定数とする。放物線 $y=x^2+ax+3-a$ について，a がすべての実数値をとって変化するとき，頂点の軌跡を求めよ。

基 本 例題 100

直線 $x+y=1$ に関して点 Q と対称な点を P とする。点 Q が直線 $x-2y+8=0$ 上を動くとき, 点 P は直線 $\boxed{}$ 上を動く。

PRACTICE (基本) **100**　直線 $2x-y+3=0$ に関して点 Q と対称な点を P とする。点 Q が直線 $3x+y-1=0$ 上を動くとき，点 P の軌跡を求めよ。

重要 例題 101

t が実数の値をとって変わるとき，2直線 $\ell : tx-y=t$，$m : x+ty=2t+1$ の交点 $\mathrm{P}(x, y)$ はどのような図形になるか。その方程式を求めて図示せよ。

PRACTICE (重要) **101** xy 平面において，直線 $\ell : x+t(y-3)=0$, $m : tx-(y+3)=0$ を考える。
t が実数全体を動くとき，直線 ℓ と m の交点はどのような図形を描くか。

重要 例題 102

直線 $y=mx$ が放物線 $y=x^2+1$ と異なる 2 点 P, Q で交わるとする。

(1) m のとりうる値の範囲を求めよ。

(2) 線分PQ の中点 M の軌跡を求めよ。

PRACTICE (重要) **102** 点 A $(-1,\ 0)$ を通り，傾きが a の直線を ℓ とする。放物線 $y = \dfrac{1}{2}x^2$ と直線 ℓ は，異なる 2 点 P，Q で交わっている。

(1) 傾き a の値の範囲を求めよ。

(2) 線分 PQ の中点 R の座標を a を用いて表せ。

(3) 点 R の軌跡を xy 平面にかけ。

14. 不等式の表す領域

基本 例題 103

次の不等式の表す領域を図示せよ。

(1)　$3x+2y-6>0$

(2)　$x^2+y^2+4x-2y\leqq0$

(3)　$y\geqq|x-1|$

PRACTICE (基本) **103**　次の不等式の表す領域を図示せよ。

(1)　$x-2y+3 \geqq 0$

(2)　$x^2+y^2+3x+2y+1>0$

(3)　$y \leqq -2|x|+4$

基本 例題 104

次の連立不等式の表す領域を図示せよ。

(1) $\begin{cases} x - 3y - 9 < 0 \\ 2x + 3y - 6 > 0 \end{cases}$

(2) $\begin{cases} x^2 + y^2 \leqq 9 \\ x - y < 3 \end{cases}$

(3) $\begin{cases} y \leqq x + 1 \\ y \geqq x^2 - 1 \end{cases}$

PRACTICE (基本) **104**　次の不等式の表す領域を図示せよ。

(1) $\begin{cases} 3x+2y-2 \geqq 0 \\ (x+2)^2+(y-2)^2 < 4 \end{cases}$

(2) $\begin{cases} y \leqq -x^2+4x+1 \\ y \leqq x+1 \end{cases}$

(3)　$1 \leqq x^2+y^2 \leqq 3$

基本 例題 105

不等式 $(x-y+1)(x^2+y^2-4)<0$ の表す領域を図示せよ。

解説動画

PRACTICE (基本) **105**　次の不等式の表す領域を図示せよ。

(1)　$(x-1)(x-2y)<0$

(2) $(x-y)(x^2+y^2-1)\geqq 0$

(3) $(x^2+y^2-4)(x^2+y^2-4x+3)\leqq 0$

基本 例題 106

x, y が 3 つの不等式 $x+2y-8\leqq0$, $2x-y+4\geqq0$, $3x-4y+6\leqq0$ を満たすとき, $x+y$ の最大値および最小値を求めよ。

PRACTICE (基本) **106** x, y が 4 つの不等式 $x \geqq 0$, $y \geqq 0$, $x - 2y + 8 \geqq 0$, $3x + y - 18 \leqq 0$ を満たすとき，$x - 4y$ のとる値の最大値および最小値を求めよ。

基本 例題 107

x, y は実数とするとき，$x^2+y^2<1$ ならば $x^2+y^2<2x+3$ であることを証明せよ。

PRACTICE (基本) **107** $x,\ y$ は実数とする。

(1) $x+y>0$ かつ $x-y>0$ ならば $2x+y>0$ であることを証明せよ。

(2) 「$x^2+y^2\leqq 1$ ならば $3x+y\geqq k$ である」が成り立つような k の最大値を求めよ。

重要 **例題 108**

直線 $y = ax + b$ が，2 点 A $(-3,\ 2)$，B $(2,\ -3)$ を結ぶ線分と共有点をもつような a，b の条件を求め，それを ab 平面上の領域として表せ。

PRACTICE (重要) **108** 　直線 $y=ax+b$ が，2 点 A $(-1,\ 5)$, B$(2,\ -1)$ を結ぶ線分と共有点をもつような a, b の条件を求め，ab 平面に図示せよ。

重要 例題 109

ある工場の製品に，X と Y の 2 種類がある。1 kg 生産するのに，X は原料 A を 1 kg，原料 B を 3 kg，Y は原料 A を 2 kg，原料 B を 1 kg 必要とする。また，使える原料の上限は，原料 A は 10 kg，原料 B は 15 kg である。1 kg 当たりの利益を，X は 5 万円，Y は 4 万円とするとき，利益を最大にするには，X，Y それぞれ何 kg 生産すればよいか。

PRACTICE (重要) **109** ある工場で 2 種類の製品 A, B が, 2 人の職人 M, W によって生産されている。製品 A については, 1 台当たり組立作業に 6 時間, 調整作業に 2 時間が必要である。また, 製品 B については, 組立作業に 3 時間, 調整作業に 5 時間が必要である。いずれの作業も日をまたいで継続することができる。職人 M は組立作業のみに, 職人 W は調整作業のみに従事し, かつ, これらの作業にかける時間は職人 M が 1 週間に 18 時間以内, 職人 W が 1 週間に 10 時間以内と制限されている。4 週間での製品 A, B の合計生産台数を最大にしたい。その合計生産台数を求めよ。

重要 例題 110

座標平面上の点 $P(x, y)$ が $4x+y \leqq 9$, $x+2y \geqq 4$, $2x-3y \geqq -6$ の範囲を動くとき, x^2+y^2 の最大値と最小値を求めよ。

PRACTICE (重要) **110** 座標平面上の点 $P(x,\ y)$ が $3y \leqq x+11$, $x+y-5 \geqq 0$, $y \geqq 3x-7$ の範囲を動くとき, x^2+y^2-4y の最大値と最小値を求めよ。

重要 **例題 111**

k を実数の定数とする。直線 $2kx + y + k^2 = 0$ ……① について，k がすべての実数値をとって変わるとき，直線 ① が通る領域を図示せよ。

PRACTICE (重要) **111**　実数 t に対して xy 平面上の直線 $\ell_t : y = 2tx + t^2$ を考える。

(1)　点 P を通る直線 ℓ_t はただ 1 つであるとする。このような点 P の軌跡の方程式を求めよ。

(2)　t がすべての実数値をとって変わるとき，直線 ℓ_t が通る点 $(x,\ y)$ の全体を図示せよ。

重要 **例題 112**

解説動画

(1) x, y がすべての実数値をとるとき，点 $(x+y,\ xy)$ の存在する領域を図示せよ。

(2) 実数 x, y が $x^2+y^2 \leqq 1$ を満たしながら変わるとき，点 $(x+y,\ xy)$ の動く領域を図示せよ。

PRACTICE (重要) **112** 　座標平面上の点 $(p,\ q)$ は $x^2+y^2 \leqq 8$, $x \geqq 0$, $y \geqq 0$ で表される領域を動く。点 $(p+q,\ pq)$ の動く範囲を図示せよ。